# BEI GRIN MACHT SICH IHR WISSEN BEZAHLT

- Wir veröffentlichen Ihre Hausarbeit, Bachelor- und Masterarbeit

- Ihr eigenes eBook und Buch - weltweit in allen wichtigen Shops

- Verdienen Sie an jedem Verkauf

Jetzt bei www.GRIN.com hochladen und kostenlos publizieren

**Bibliografische Information der Deutschen Nationalbibliothek:**

Die Deutsche Bibliothek verzeichnet diese Publikation in der Deutschen National-
bibliografie; detaillierte bibliografische Daten sind im Internet über http://dnb.d-
nb.de/ abrufbar.

Dieses Werk sowie alle darin enthaltenen einzelnen Beiträge und Abbildungen
sind urheberrechtlich geschützt. Jede Verwertung, die nicht ausdrücklich vom
Urheberrechtsschutz zugelassen ist, bedarf der vorherigen Zustimmung des Verla-
ges. Das gilt insbesondere für Vervielfältigungen, Bearbeitungen, Übersetzungen,
Mikroverfilmungen, Auswertungen durch Datenbanken und für die Einspeicherung
und Verarbeitung in elektronische Systeme. Alle Rechte, auch die des auszugsweisen
Nachdrucks, der fotomechanischen Wiedergabe (einschließlich Mikrokopie) sowie
der Auswertung durch Datenbanken oder ähnliche Einrichtungen, vorbehalten.

**Impressum:**

Copyright © 2018 GRIN Verlag
Druck und Bindung: Books on Demand GmbH, Norderstedt Germany
ISBN: 9783668705135

**Dieses Buch bei GRIN:**

https://www.grin.com/document/426178

**Michael Dienst**

# Zur stationären strömungsmechanischen Wirbelspule

## Fluidmechanische Phänomenologie der Dreideckerkonfiguration

GRIN Verlag

**GRIN - Your knowledge has value**

Der GRIN Verlag publiziert seit 1998 wissenschaftliche Arbeiten von Studenten, Hochschullehrern und anderen Akademikern als eBook und gedrucktes Buch. Die Verlagswebsite www.grin.com ist die ideale Plattform zur Veröffentlichung von Hausarbeiten, Abschlussarbeiten, wissenschaftlichen Aufsätzen, Dissertationen und Fachbüchern.

**Besuchen Sie uns im Internet:**

http://www.grin.com/

http://www.facebook.com/grincom

http://www.twitter.com/grin_com

# Zur stationären strömungsmechanischen Wirbelspule

## Fluidmechanische Phänomenologie der Dreideckerkonfiguration

Mi. Dienst, Berlin im Mai 2018

**Tragflügelsysteme in Dreideckerkonfiguration** stehen derzeit nicht oben in den Forschungs-agenden der Namhaften und es bleiben im Laborbetrieb relativ einfachfach darstellbare, auf der Wechselwirkung von Wirbeln basierende Strömungsphänomene, unbeachtet. Dennoch sind sie eine Option im Flugwesen und in der maritimen Zukunftstechnik. Aus meiner Sicht. Sobald man nur genauer hinschaut, sind Dreideckertragflächen ein wunderbares Beispiel anwendungsbezogener Bionik. Der nachfolgend dargelegten „Wirbel-spulen- Phänomenologie" möchte ich einen generalen Satz zu umströmten Mehrdeckertragflächen voranstellen:

*Tragflächen in Mehrdeckerkonfiguration können fluidmechanisch miteinander wechselwirken derart, dass die durch das Auftriebsgebaren der Einzeltrag-flächen erzeugten und stromabwärts abfließenden Randwirbel ein mantel-förmiges Wirbelspulensystem generieren, das in seinem Kern einen beschleunigten Fluidmassenstrom, eine beschleunigte Strömung, induziert.*

Nach Erörterungen zur Tragflügeltheorie, die auch Hinweise zu Mehrdecker-konfigurationen enthalten, werden einige Überlegungen ausgeführt, die den oben angeführten Gedanken stützen. Die Phänomenologie der fluidmecha-nischen Wirbelspule ist Teilgebiet einer verallgemeinerten Feldtheorie. Die nachfolgenden Ausführungen können experimentelle und numerischanalyti-sche Untersuchungen zu fluidmechanische Wirbelspulen an Dreideckerkon-figurationen kontextuell ergänzen.

**Prandtl.** Nach der Tragflügeltheorie erster Ordnung behandelt Prandtl[1] in [Pra-19] zunächst die Aufgabe Geschwindigkeitskomponenten an einem Aufpunkt einer Strömung zu ermitteln, die von der Strömungsenergie einer „tragenden Linie" mit gegebener Auftriebsverteilung herrührt. Mittels der „Theorie der tragenden Linie" lassen sich Gleichungen für den Widerstand einer Tragflügelkonfiguration aus drei Flügeln (Flügel 1, Flügel 2 und Flügel 3) finden, der dadurch entsteht, dass ein Flügel 1 unter dem Einfluss der Störung steht, die weiteren in derselben Beaufschlagungsebene befindlichen Tragflügel (Flügel2 und Tragflügel3 ) ausgeht. Prandtls theoretische Überlegungen sowie Berechnungen seines Mitarbeiters Munk[2] - sie waren auf ein Doppeldecker-tragflügelsystem bezogen - zeigten, dass für vollständig symmetrisch gebaute Tragflügel (-elemente) der Widerstand, der am Flügel 2 und Flügel 3 durch die Gegenwart des Flügels 1 entsteht von derselben Größe sein muss.

Im Zuge der Untersuchungen zu Mehrdeckerkonfigurationen stellte sich heraus, dass es offenbar nicht darauf ankommt, dass die „zusammengefassten" tragenden Elemente (der generalisierte Auftriebsvektor einer Tragflächen-konfiguration) jeweils zu einem einzigen Tragflügel gehören. Dies wird am Doppeldeckertragflügel gezeigt. Greift man aus einem tragenden System in der Querebene (der wirkebene des generalisierten Auftriebsvektors) beliebige Gruppen heraus, so ist derjenige Widerstandsanteil, den die Gruppe 1 durch das Geschwindigkeitsfeld der Gruppe 2 erfährt ebenso groß, wie derjenige von Gruppe 2 im Feld von Gruppe 1 [Pra-19]. Nach Ansicht Prandtls führt dies dazu, dass der Beitrag zum gegenseitigen Widerstand zweier untereinander befindlicher Tragflügel positiv ist, der von zwei nebeneinander befindlichen Tragflügeln dagegen negativ! Durch erste Anordnung wird also der Gesamtwiderstand gegenüber dem Zustand weit voneinander entfernter Flügel vermehrt, durch letztere vermindert. Zur Untersuchung des allgemeinen Falls (zweier benachbarter Tragflächen) wurde von Prandtl das Feld berechnet, das ein tragendes Element mitsamt dem (im Nachlauf der Tragfläche) abgehenden Wirbelpaar in irgendeinem Raumpunkt hervorbringt. Er zeigt, dass die Wider-standsanteile der beiden Flügel nur dann gleich sind, wenn beide Elemente (Tragflächen der Tragflügelkonfiguration) in derselben Querebene liegen. Seine theoretischen Überlegungen zeigen auch, dass die Summe der Widerstände gleich bleibt, wenn die beiden tragenden Gruppen (Flügel 1 und Flügel2) in Fahrtrichtung gegeneinander verschoben werden, also ihre Staffelung geändert wird. Munk konnte dieses Phänomen in seiner Göttinger Dissertation

---

[1] Ludwig Prandtl (* 4. 2. 1875 in Freising; † 15. 8. 1953 in Göttingen) war Physiker und lieferte bedeutende Beiträge zum grundlegenden Verständnis der Strömungsmechanik Prandtl entwickelte die Grenzschichttheorie.
[2] Max Michael Munk (* 22. 10. 1890 in Hamburg[1]; † 1986) war ein deutsch-amerikanischer Aeronautiker.

beweisen. Für unsere nachfolgenden Überlegungen vor dem Hintergrund der Wirbelspulenphänomenologie des Doppeldeckers ist die von Prandtl extrahierte Ursache der Unabhängigkeit des Gesamtwiderstands von der Staffelung der Tragflächen bedeutend, wonach die Widerstandsarbeit gleich der in der Wirbelbewegung hinter dem Tragwerk zurückgelassenen kinetischen Energie ist; es kommt also nur auf dieses Wirbelsystem selbst an, nicht auf die genauen Umstände, unter denen es erzeugt wird.

**Phänomenologie der fluidmechanischen Wirbelspule.** Nach der Tragflügeltheorie hängt die Auftriebskraft einer umströmten Tragfläche alleine von der Zirkulation ab [Schl-67]. Überlagern sich an einem Strömungskörper (bei einer zweidimensionalen Modellvorstellung in der Profilebene des Strömungskörpers) ein translatorisches und rotatorisches Strömungsfeld, kommt es infolge der Zirkulation um diesen Körper zu Verzögerung der Strömung auf der einen und zu einer Beschleunigung der Strömung auf der anderen Seite. Nach der Bernoullischen Beziehung führt die Beschleunigung zu einer Druckminderung, die Verzögerung zu einer Druckerhöhung. Im Falle eines Tragflügels wird dies als Auftriebskraft spürbar. Für einen angeströmten, endlichen Tragflügel ist die Auftriebskraft elliptisch über den Auftrieb erzeugenden Körper verteilt. Infolge des Druckgradienten kommt es am materiellen Ende der Tragfläche zu einer Umströmung der Tragflächenkante. Im Nachlauf der Kantenumströmung bildet sich nun ein kompakter Wirbel aus, der in der Literatur als **„durch den Druckgradienten induzierter Randwirbel"** beschrieben wird. Der induzierte Randwirbel bindet einen erheblichen Anteil der zur Erzeugung der Auftriebskräfte des Systems aufgebrachten Energie. Der Wirbelfaden im Nachlauf einer Auftrieb erzeugenden Tragfläche ist sehr stabil. Windkanaluntersuchungen und numerische Strömungssimulationsrechnungen können das Umströmungsgebaren an den Enden Auftrieb erzeugender Strömungskörper erklären und visualisieren. Dabei zeigt sich, dass jeder durch das Auftriebsgebaren einer Tragflügelfläche induzierter Wirbelzopf hinsichtlich seiner Geschwindigkeitsverteilung in seinem Querschnitt kompakt ist und ein graduelles rotatorisches Fernfeld ausbildet. Bei einem Doppeldecker existieren zwei kompakte Wirbelzöpfe (bei einem Dreidecker drei Wirbelzöpfe usw.) (1) gleicher Drehrichtung und (2) ähnlicher oder in einem günstigen Fall, gleicher Intensität. Aufgrund der Fernfeldbeziehungen beginnen die Wirbelzöpfe im Nachlauf ihrer Entstehungsorte um ein gemeinsames Zentrum zu rotieren. Ein schraubenartiges Wirbelspulengebilde entsteht. Während die Wirbelzöpfe auf dem Mantel der Wirbelspule stromabwärts um eine gemeinsame zentrale Achse rotieren bildet sich innerhalb der Wirbelspule entlang des zentralen Stromfadens eine beschleunigte Strömung aus, die nach außen durch den

Wirbelmantel begrenzt und geführt wird. Dieses als „Wirbelspuleneffekt" bezeichnete Phänomen wurde in den 70er und 80er Jahren des vergangenen Jahrhunderts durch messtechnische Untersuchungen belegt (Ingo Rechenberg, Technische Universität Berlin) und eine erste Theorie der Wirbelspule entwickelt. Die Strömung innerhalb der Wirbelspule ist intensiv; die Geschwindigkeiten können gegenüber der den Wirbelspuleneffekt hervorrufenden Flügelumströmung mehr als den dreifachen Wert der anfachenden Strömungsgeschwindigkeit annehmen. Windkanalmessungen zeigen, dass eine zu einer den Auftrieb generierende Tragflächen der kumulierten Tragflügeltiefe t erzeugte Wirbelspule stromabwärts weithin stabil existiert und über die gesamte Distanz einen intensiven „Strömungsjet" produziert. Das Geschwindigkeitsniveau der Innenströmung kann derart ansteigen, dass aufgrund der Druckabnahme im Jet (Bernoulli-Gleichung, Kontinuität) die umhüllende Mantelströmung implodieren kann und die den Effekt tragende Wirbelspule ihre schraubenförmige Struktur verliert.

Der Effekt wurde in den 80er Jahren für fünf- sieben und neungängige Wirbelspulen ausführlich untersucht und in zahlreich wissenschaftlichen Arbeiten dokumentiert. Aus irgendeinem Grund funktionierten ungradzahlige Tragflügelkonfigurationen besser, erst bei n>10 spielte dieser merkwürdige Umstand eine geringere Rolle. Interessanterweise war man um die naheliegenden zwei- und dreigängigen Wirbelspulen nicht sonderlich bemüht, was aus heutiger Sicht damit erklärt werden kann, dass sich die Erforschung der Wirbelspuleneffekte sich anwendungsbezogen an der Entwicklung von Windkraftanlagen nach dem WSP-Prinzip und deren Leistungsoptimierung orientierte.

**Geschwindigkeit und Strömungsfeld.** Die zu einem Wirbelfaden gehörige Strömung ist, bis auf den Wirbelfaden selbst wirbelfrei. Ist der Wirbelfaden gerade, sprechen wir von einem Potentialwirbel. Eine Strömung kann durch ihr Geschwindigkeitsfeld beschrieben werden und eine Wirbelströmung durch ihr Wirbelfeld. Geschwindigkeitsfeld und Wirbelfeld hängen physikalisch zusammen. Bei der Betrachtung von Geschwindigkeitsfeld und Wirbelfeld taucht das aus der allgemeinen Feldtheorie  stammende und in der Elektrodynamik geläufige Gesetz von **Biot und Savart** auf. Ist das Geschwindigkeitsfeld bekannt, kann mit den Beziehungen von Biot und Savart das Wirbelfeld berechnet werden. Die Differentiation des Geschwindigkeitsfeldes (Bildung der Rotation) ist das Wirbelfeld. Gleichsam kann man das Geschwindigkeitsfeld aus dem Wirbelfeld berechnen. Die Integration des Wirbelfeldes ist das Geschwindigkeitsfeld. Die Integration des (fluidmechanischen) Wirbelfeldes entspricht der Anwendung des Gesetzes von Biot und Savart auf eine fluidische Strömung.

Mit der Zirkulation $\Gamma$ bezeichnet man die Stärke eines (beispielsweise um eine Tragfläche kreisenden) Wirbels, bzw. den Beitrag des Ringintegrals der Zirkulationsgeschwindigkeit $v_\Gamma$ über die Weglänge $s_\Gamma$. Bei einem starren Wirbel herrscht eine konstante Winkelgeschwindigkeit $\omega_W$ und an einem beliebigen Abstand r die Tangentialgeschwindigkeit $v_{TW}$.

<u>Aus der Integration des Linienintegrals folgt:</u>

| | | |
|---|---|---|
| Zirkulation | $\Gamma = v_\Gamma \cdot s_\Gamma$ | $[m^2 s^{-1}]$ |
| Zirkulationsgeschwindigkeit | $v_\Gamma$ | $[ms^{-1}]$ |
| Weglänge | $s_\Gamma$ | $[m]$ |
| Winkelgeschwindigkeit | $\omega_W$ | $[s^{-1}]$ |
| Tangentialgeschwindigkeit | $v_{TW} = r \cdot \omega$ | $[ms^{-1}]$ |
| Dichte | $\rho$ | $[kg\ m^{-3}]$ |
| Geschwindigkeit (Fernfeld) | $v$ | $[m\ s^{-1}]$ |
| Infinitisimaler Winkel | $d\beta$ | $[°, rad]$ |
| Mit Ringintegral (über Kreis) | $\int l\ ds = 2\pi r$ | $[m]$ |
| Tangentialgeschwindigkeit | $v_T = r\,\omega$ | $[ms^{-1}]$ |

Man unterscheidet weiterhin **Potentialwirbel**, sie besitzen einen Geschwindigkeitsgradient im ferneren Feld und **Rankine-Wirbel**, die ein Modell für die Superposition von **starrem Wirbel und Potentialwirbel** sind. Mit der Zirkulation und dem Ringintegral der Zirkulationsgeschwindigkeit über die Weglänge s, kann die Auftriebskraft $F_A$ eines Flügels mit der Spannweite b angegeben werden. Es entsteht eine handliche Formulierung der Zirkulation um einen Tragflügel. Nach Kutta-Joukowski[3] folgt:

| | | |
|---|---|---|
| Auftrieb ( Lift) | $F_A = \Gamma \cdot \rho \cdot v \cdot b$ | $[N]$ aus $[m^2 s^{-1} kg\ m^{-3} m\ s^{-1} m]$, $[kg\ m\ s^{-2}]$ |
| es gilt: | $F_A = c_L \cdot A\ \tfrac{1}{2} \cdot \rho \cdot v^2$ | $[N]$ aus $[m^2 kg\ m^{-3} m^2 s^{-2} m]$, $[kg\ m\ s^{-2}]$ |
| und: | $\Gamma \cdot \rho \cdot v \cdot b = c_L \cdot A\ \tfrac{1}{2} \cdot \rho \cdot v^2$ | $[N]$ aus dto. |

Damit ist die Zirkulation um einen Tragflügel gegeben:

$$\Gamma = \rho \cdot v \cdot b = c_L \cdot A\ \tfrac{1}{2} \cdot \rho \cdot v^2 / \rho \cdot v \cdot b = c_L \cdot A\ v / 2 \cdot b\ [m^2 s^{-1}]$$

---

[3] Der Satz von Kutta-Joukowski beschreibt die <u>Proportionalität</u> des <u>dynamischen Auftriebs</u> zur <u>Zirkulation</u>.

Auf einer Kreisbahn und mit der Winkelgeschwindigkeit $\omega$ [s$^{-1}$] ist die Zirkulation:

$$\Gamma = \omega\, 2\,\pi\, r^2 \qquad [m^2\, s^{-1}]$$

Zur Untersuchung ebener und wirbelfreier Strömungen, klären wir die kinematische Bedeutung der Begriffe Wirbelstärke und Zirkulation. Die Rotation der Geschwindigkeit $\underline{v}$ ist die Wirbelstärke $\underline{\Omega}$

$$\Omega = \mathrm{rot}\ \underline{v} \quad .. \text{ mit den Komponenten} \qquad \Omega i = e_{ijk}\,(\delta v_k)/(\delta x_j)$$

Vor der partiellen Ableitung steht $e_{ijk}$, der Einheitsvektor. Strömungen, in denen die Wirbelstärke verschwindet, heißen wirbelfreie Strömungen oder Potential-strömungen. Hier ist es aber relevant, dass wir die Zirkulation beobachten. Strömungen, in denen die Wirbelstärke von Null verschieden ist, heißen wirbelbehaftete Strömungen oder Wirbelströmungen. In wirbelbehafteten Strömungen bilden die Geschwindigkeit und die Wirbelstärke ein Vektorfeld. **Die Wirbellinie** im Feld der Wirbelstärke **ist eine Analogie zur Stromlinie** im Geschwindigkeitsfeld. Die Wirbellinie ist somit eine Kurve, die in jedem Punkt den Vektor der Wirbelstärke tangiert. Die Zirkulation $\Gamma$ ist das Kurvenintegral der Geschwindigkeit längs einer geschlossenen Kurve im Strömungsfeld:

$$\Gamma = \int \underline{v}\ dx \qquad .. \text{ mit den Komponenten:} \qquad \Gamma = \int v_i\ dx_i$$

Der **Satz von Stokes**[4] besagt nun, dass das Flächenintegral der Wirbelstärke $\Omega$ über eine Fläche A gleich ist, der Zirkulation $\Gamma$ längs ihrer Randkurve x. Für einen Volumenstrom durch eine beliebige Fläche gilt immer $V = \int \underline{v}\ d\underline{A}$. Für eine Zirkulation längs einer beliebigen geschlossenen Kurve gilt immer:

$$\Gamma = \int \underline{\Omega}\ d\underline{A}.$$

$$\Gamma = \int \underline{v}\ dx = \int \underline{\Omega}\ d\underline{A} \qquad \text{oder komponentenweise}$$
$$\Gamma = \int \underline{v}_i\ dx_i = \int \underline{\Omega}_i\ dA_i$$

Satz: Die **Wirbelstärke** im Quellpunkt Q im Geschwindigkeitsfeld induziert im **Aufpunkt P** (dieses Geschwindigkeitsfeldes) einen Teil der dortigen **Geschwindigkeit**.

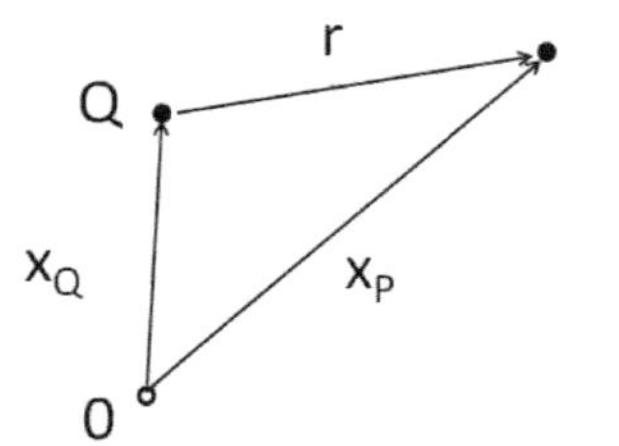


---

[4] Der Satz von Stokes ist ein nach Sir George Gabriel Stokes benannter Satz aus der Differentialgeometrie. In der allgemeinen Fassung handelt es sich um einen Satz über die Integration von Differentialformen.

Die Geschwindigkeit im Aufpunkt P ist die Summe der Induktionswirkungen aller Quell-punkte des Strömungsfeldes. Quellpunkte sind die Punkte, an denen die Wirbelstärke nicht verschwindet.

Für einen beliebigen Punkt im dreidimensionalen Strömungsfeld ist $\underline{x}_Q$ der Vektor zu einem Quellpunkt Q und $\underline{x}_P$ der Vektor zu einem Aufpunkt P. Der Vektor $\underline{r}$ vom Quellpunkt Q zum Aufpunkt P ist damit

$$\underline{r} = \underline{x}_P - \underline{x}_Q$$
$$r = ((x_P-x_Q)^2+(y_P-y_Q)^2+(z_P-z_Q)^2)^{1/2}$$

Berechnen wir nun die Komponenten des Geschwindigkeitsvektors $\underline{v}_P$ {$v_{xP}$, $v_{yP}$} im Aufpunkt P für für einen konkreten Fall. Die Geschwindigkeit soll von einem (unendlich langen) Wirbelfaden im Quellpunkt Q mit den Koordinaten ($x_Q$,$y_Q$) im Aufpunkt P mit den Koordinaten ($x_P$,$y_P$) induziert werden. Im Quellpunkt Q wird die Zirkulation $\Gamma$ angegeben.

Für die induzierte Geschwindigkeit $\underline{v} = \Gamma / 2\pi\, r$ findet man:

Der Ortsvektor
$$\underline{r} = \underline{x}_P - \underline{x}_Q$$
$$r = ((x_P-x_Q)^2+(y_P-y_Q)^2)^{1/2}$$

Geschwindigkeiten im Aufpunkt:
$$v_{xP} = v\,\sin(\alpha) \quad \text{und} \quad v_{yP} = v\,\cos(\alpha)$$

mit: $\sin(\alpha) = (y_P-y_Q)/r$ und $\cos(\alpha) = (x_P-x_Q)/r$

$$v_{xP} = v\,\sin(\alpha) = \Gamma\,(y_P-y_Q) / 2\pi\, r((x_P-x_Q)^2+(y_P-y_Q)^2)$$
$$v_{yP} = v\,\cos(\alpha) = \Gamma\,(x_P-x_Q) / 2\pi\, r((x_P-x_Q)^2+(y_P-y_Q)^2)$$

**Das Gesetz von Biot und Savart.**

Ein Wirbelfaden mit der Zirkulation $\Gamma$ induziert eine Strömung im umgebenden Raum mit der Geschwindigkeit $\underline{v}$. Hierzu führe ich eine differentielle Betrachtung für eine reibungsfreie, inkompressible Strömung durch. Wir sehen das gerichtete Wirbelelement der Länge ds auf dem Wirbelfaden mit der Zirkulation $\Gamma$, einen beliebigen Punkt P im Raum und einen Abstands-vektor $\underline{r}$ vom Wirbelelement ds zum Punkt P im

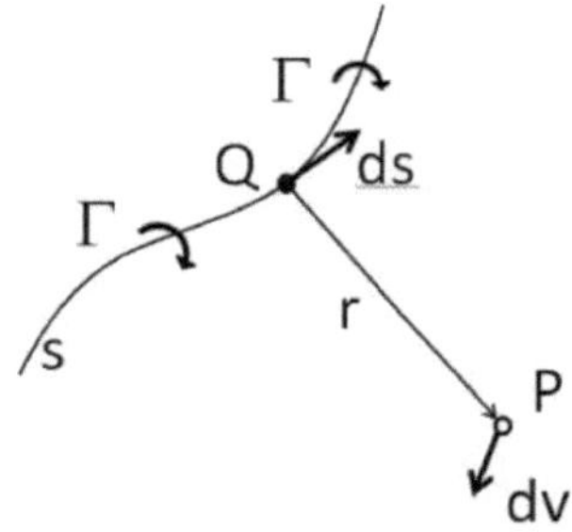

Raum. Das Wirbelelement ds induziert eine differentielle Geschwindigkeit dv im Punkt P.

Das Biot-Savart'sches Gesetz[5] in differentieller Form lautet:

$$dv = (\Gamma/4\pi) \cdot (ds \times \underline{r})/\underline{r}^3$$

Für den besonderen Fall, dass der Vektor r orthonormal auf der (theoretisch unendlich langen) Linie S des Wirbelfadens steht und damit die Geschwindigkeit dv im Punkt P in einem nunmehr senkrechten Abstand zum Wirbelfadenelement induziert wird, liefert die Integration des Biot-Savart'schen Gesetzes aus der differentieller Form die einfache Beziehung

$$v = \Gamma/2\pi\underline{r}$$

.. die mit dem Ergebnis für einen punktuellen Wirbel in einer zweidimensionalen Strömung übereinstimmt. Der Wirbelfaden der aus dem Randwirbel generiert wird, mit der Zirkulation:

$$\Gamma = F(ca, v, t)$$
$$\text{aus} \quad \Gamma = \tfrac{1}{2}\, c_L\, v\, t$$

.. kann man nun die induzierte Geschwindigkeit ermitteln:

$$v_{induziert} = \Gamma/2\pi\underline{r}$$
$$v_{induziert} = \tfrac{1}{2}\, c_L\, v_{anström}\, t\, /\, 2\pi\underline{r}$$

induzierte Geschwindigkeit: $v_{induziert} = c_L\, v_{anström}\, t\, /4\pi\underline{r}$

---

[5]Das Biot-Savart-Gesetz stellt (in der Elektrodynamik) einen Zusammenhang zwischen der magnetischen Feldstärke und der elektrischen Stromdichte her und erlaubt die räumliche Berechnung magnetischer Feldstärkenverteilungen anhand der Kenntnis der räumlichen Stromverteilungen. Meistens wird das Gesetz als Beziehung zwischen der magnetischen Flussdichte und der elektrischen Stromdichte behandelt.

**Zur Induktionswirkung eines Wirbelfadenelements.**

Ziel ist nun die Beschreibung des Zusammenhangs der Geschwindigkeit $\underline{v}$ in einem Aufpunkt P, also $v(x_P)$ des Geschwindigkeitsfeldes und der Wirbelstärke $\underline{\Omega}(x_Q)$ in allen Quellpunkten eines Strömungsfeldes. Dazu wird ein Wirbelröhrenelement (ein infinitisimal kleines Wirbelfadenelement) auf seine Induktionswirkung auf das Strömungs-feld untersucht. Tragen wir also die erforderlichen Informationen zusammen:

(1)   Das Fluid sei inkompressibel und das Wirbelröhrenelement habe die Länge $d\underline{x}$, den Querschnitt $d\underline{A}$ und das Volumen $dV = d\underline{A} \cdot d\underline{x}$.

(2)   Die Länge $d\underline{x}$ und der Querschnitt $d\underline{A}$ sollen parallel zur Wirbelstärke $\underline{\Omega}$ im Quellpunkt Q der Strömung sein. Letztlich betrachte ich eine elementare Vereinfachung des Wirbelspuleneffektes auf einen Ringwirbelfaden.

(3)   Ein Ringwirbelfaden habe nun eine konstante Zirkulation $\Gamma$.

Gesucht ist die in der Achse des Ringwirbels induzierte Geschwindigkeit. Auf der Achse des Ringwirbels sind aus Symmetriegründen nur die Z-Komponenten des Vektors $\{v_{xP},\ v_{yP},\ v_{zP}\}$ der induzierten Geschwindigkeit $\underline{v}$ ungleich Null. Das ist eine wichtige Eigenschaft der Strömung in einer fluidmechanischen Wirbelspule. Die von einem Wirbelfadenelement an einem

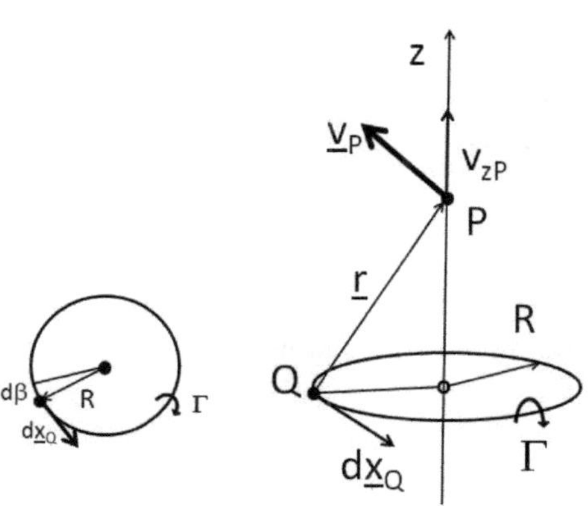


beliebigen Aufpunkt im Strömungsfeld induzierte Geschwindigkeit $\underline{v}$ ist proportional der Wirbelstärke $\Omega$ und dem Volumen des Wirbelfadenelements also:

$$dv \sim \Omega\, dV$$

Die Richtung der induzierten Geschwindigkeit $\underline{v}$ steht senkrecht auf den Vektoren $\underline{\Omega}$ und $\underline{r}$

$$dv \sim \underline{\Omega} \times \underline{r}$$

Für einen Volumenstrom durch eine beliebige Fläche gilt immer $V = \int \underline{v}\, d\underline{A}$ und längs einer beliebigen geschlossenen Kurve gilt $\Gamma = \int \underline{\Omega}\, d\underline{A}$.

$$\Gamma = \int \underline{v}\, dx = \int \underline{\Omega}\, d\underline{A}$$

Die Geschwindigkeit, die ein Element des Ringwirbelfadens im Aufpunkt P induziert, ist gegeben mit

$$d\underline{v}(x_P, t) = (\Gamma / 4 \cdot \pi)\, (d\underline{x}_Q \times \underline{r}) / r^3$$

$$\underline{v}(x_P, t) = (\Gamma / 4 \cdot \pi) \int (d\underline{x}_Q \times \underline{r}) / r^3$$

Der Beitrag dieser Geschwindigkeit zur Z-Komponente $v_{zP}$ des Geschwindigkeitsvektors $\underline{v}$ ist:

$$dv_{zP} = dv \cdot \cos(a)$$

mit $\cos(a) = R / (R^2 + z^2)^{1/2}$ ist die Z-Komponente $v_{zP}$ des Geschwindigkeitsvektors:

$$v_{zP} = dv \cdot \cos(a) \quad = \quad (\Gamma / 4 \cdot \pi) \cdot (\, R / (R^2 + z^2)^{1/2}\,) \cdot (d\underline{x}_Q \times \underline{r}) / r^3$$

mit $(d\underline{x}_Q \times \underline{r}) = r \cdot d\underline{x}_Q$ und $d\underline{x}_Q = R \cdot d\beta$ und $r = (R^2 + z^2)^{1/2}$ und der Integration über die Kreislinie $\{0 .. 2\pi\}$ folgt:

$$v_{zP} = (\Gamma / 2) \cdot (\, R^2 / (R^2 + z^2)^{3/2}\,)$$

Damit ist eine Quantifizierung der von **einer Windung** einer „Wirbelspirale" ausgehenden Geschwindigkeitsinduktion gegeben.


Die Kreislinie der Ebene des Radius R sei eine Windung eines Wirbelspulenmodells. Untersuchen wir nun den besonderen, wenn auch nicht realistischen Fall, dass der Aufpunkt $P(x_P, y_P, z_P)$ an dem die Geschwindigkeit $v_{zP}$ induziert wird, in dieser Ebene liegt und damit die vertikale Koordinate z=0 verschwindet. Wir dürfen das tun, weil dieser Punkt, wie jeder andere, Element des vom Ringwirbelfadens induzierten Geschwindigkeitsfeldes ist. Für diesen

Mi. Dienst, Berlin

besonderen Punkt vereinfacht sich der Term für die Z-Komponente $v_{zP}$ des Geschwindigkeitsvektors.

In einer Phänomenologie, in der das Ringwirbelfadenmodell eine n-gängige Wirbelspirale die aus einem Erzeugendensystem mit **n Tragflügeln** und in einem ersten, einfachen Modell mit m Wirbelkeimen herrührt beschreibt, muss die Mehrgängigkeit in der Formel berücksichtigt werden.

Für das Wirbelspulenmodell mit n Ringwirbelfäden folgt damit:

$$v_{zPn} = (n\Gamma/2) \cdot ( R^2 / (R^2)^{3/2} )$$
$$v_{zPn} = (n\Gamma/2) \cdot (R^2/(R)^3)$$

$$\mathbf{v_{zPn} = n\ \Gamma/2R}$$

Für ein Wirbelspulenmodell mit n=2 folgt:
$$v_{zP2} = \Gamma/R$$
Für ein Wirbelspulenmodell mit n=3 folgt:
$$v_{zP3} = 3\ \Gamma/2\ R$$

Der Ringwirbelfaden stammt aus der Umströmung der Tragflügelkanten der Dreideckerkonfiguration. Die Ringwirbelfäden sind die aus dem Umströmungsgeschehen mit einem Wirbelkeim je Tragflügel resultierenden n=3 Randwirbeln mit der jeweiligen Zirkulaion $\Gamma_{RW}$.

Wie oben beschrieben, ist die Zirkulation des Randwirbels eines mit der Stömungsgeschwindigkeit $v_\infty$ beaufschlagten, einzelnen Tragflügels mit dem Liftkoeffizienten $c_L$ un der Tragflügeltiefe t angegeben: Zirkulation: $\Gamma_{RW}=c_L \cdot v_\infty \cdot t$, so dass für die durch die Dreideckerkonfiguration dreier Tragflügel (n=3) mit jeweils einem Wirbelkeim induzierte Geschwindigkeit angeschrieben werden kann. Mit der Zirkulation des Randwirbels $\Gamma_{RW} = c_L \cdot v_\infty \cdot t$ und der induzierten Geschwindigkeit für den n-gängigen Fall: $v_{zP} = n \cdot m \cdot c_L \cdot v_\infty \cdot t /2R$ folgt die durch die Wirbelpule mit drei Wirbelfäden induzierte Geschwindigkeit:

induzierte Geschwindigkeit der Dreidecker-Konfiguration:

$$\mathbf{v_{zP3} = 3\ c_L \cdot v_\infty \cdot t /2R}$$

Die dreigängige fluidmechanische Wirbelspule entsteht mittelbar aus dem Auftrieb dreier Tragflügel (Dreidecker-Konfiguration). Ein Modellannahme dieser hier präsentierten Wirbelspulen-Phänomenologie ist, dass das Auswehen der fluidmechanischen Wirbelspule stromabwärts bei größeren Anstellwinkeln der Tragfläche, in meinen Überlegungen nicht berücksichtigt wird. Das ist natürlich eine weitere Idealisierung. Der reale Schub einer fluidmechanischen Wirbelspule hat einen radialen Richtungsanteil in der Größenordnung der beaufschlagenden Anströmrichtungung. Abgesehen wird darüber hinaus von einer, den abfließenden Randwirbel begünstigenden Randbogenkontur.

Für den Konstrukteur ist es wichtig zu wissen, wie weit die drei Tragflügel und damit die Wirbelkeime (das Erzeugendensystem der fluidmechanischen Wirbelspule) von einander entfernt sind und vo sie vom Konstrukteur zu positionieren sind. Als erstes Maß für den Abstand $y_t$ zweier Wirbelkeime der n wechselwirkenden Ringwirbelfäden der n-gängigen Wirbelspirale wählen wir $y_t$=2R. Eine nichtdeformierte Wirbelspirale aus der Umströmung der Tragflügelkanten der Dreideckerkonfiguration generiert ein Wirbelspulensystem, das ich mir gerne wie eine mantelförmige zylindrige Röhre vorstelle. Diese modellhafte Strömungswirklichkeit kommt der (Labo-) Realität nahe. Windkanalexperimente haben gezeigt, dass die mantelförmige Wirbelspule sehrwohl deformiert werden kann. So kommt es bei extremer Druckabnahme zur Implosion, bei zu kleinen Geschwindigkeiten plustert sich das System auf oder entsteht erst überhaupt nicht. Auch oszilierede Deformationen wurden beobachtet immer dann, wenn die Kernströmung in der Wirbelspule strömungsmechanische Artefakte enthält und dann nicht rotorfrei ist. Die Idealform einer von Randwirbelkeimen herrührenden fluidmechanischen Wirbelspule ist eine Mantelröhre mit einem Durchmesser von $y_t$ =2R der Wirbelkeime des Erzeugendensystems.

**Schub.** Mit der Profiltiefe t und dem Abstand $y_t$=2R finden wir zwei erste wichtige Gestaltungsparameter für Tragflügelsysteme in Dreideckerkonfiguration. Die zeitliche Änderung des Massenstroms $0 = \underline{m} = dm/dt$ durch einen beliebigen Querschnitt A und des Volumenstroms $0 = \underline{V} = dV/dt$ ebenda, sei Null.

Kontinuität: $\underline{m} = dm/dt = d/dt\,(\rho \cdot V) = 0 = \rho \cdot \underline{V} = \rho \cdot A_{WSP} \cdot v$

Die Schubkraft $F_{SCHUB}$ eines fluidmechanischen Antriebs resultiert aus einem mit der Geschwindigkeitsänderung d/dt (v) bewegtem Massenstrom $\underline{m}$ [kg·s$^{-1}$]. In einer Lagrange'schen Betrachtungsweise wird die Körpergeschwindigkeit des bewegten Systems zur so genannten „scheinbaren" Anströmgeschwindigkeit $v_\infty$ des (bewegten) Tragflügelsystems. Eine vom Tragflügelsystem generierte Wirbelspule WSP ist ebenfalls ein mitbewegtes Element des (lagrange'schen) Körpers. Sei in einem Kontrollvolumen die Eintrittsgeschwindigkeit $v_1 = v_\infty$ an der Stelle $A_1$, sowie die Austrittsgeschwindigkeit $v_2 = v_\infty{}^+ v_{zP}$ an der Stelle $A_2$, so ist die Schubkraft $F_{SCHUB}$ eines (beliebigen) fluidmechanischen Antriebs definiert als:

Schubkraft: $\qquad F_{SCHUB} = \underline{m} \cdot \Delta v = \underline{m} \cdot (v_2 - v_1) \qquad [\text{kg s}^{-1}\,\text{m s}^{-1}],\ [\text{N}]$

Schubkraft ist genau jene Kraft, die gemessen würde, wenn ein Propeller-antrieb am Fluid Arbeit verrichtete; beispielsweise bei einem Motorflugzeug während des Flugbetriebs. Weil der Schubkraft aber vollkommen egal ist, aus welchem physikalischen Geschehen sie resultiert, Propeller, Strahltriebwerk, Schlagflügel, Paddel oder irgend eine andere Antriebsart, möchte ich die Schubkraft hier für einen, aus einer fluidmechanischen Wirbelspule induzierten „Jetantrieb" gedacht, entwickeln.

Die Kontinuität über das System fordert $0 = dV/dt$ für den Volumenstrom an jeder (beliebigen) Stelle: Wir betrachten die Kontinuität in der Ebene des Aufpunktes, es sei: $const = \underline{V} = A_1 \cdot v_1 = A_2 \cdot v_2$.

$$F_{SCHUB} = \underline{m} \cdot \Delta v = \rho \cdot \underline{V} \cdot (v_2 - v_1) = \rho \cdot A_2 \cdot v_2 \cdot (v_2 - v_1)$$

..und nach elementaren Umformungen, sowie dem Bezug auf die Betrachtungsebene $A_2 = A_{WSP}$, dem strömungsreaktivem Querschnitt (vertikale Koordinate $z = 0$) in der Wirbelspule erhält man eine Schubkraft in axialer Richtung:

Schubkraft $\qquad F_{SCHUB} = \underline{m} \cdot \Delta v = \rho \cdot A_{WSP} \cdot (v_\infty \cdot v_{zP} + v_{zP}{}^2) \qquad [\text{kg m s}^{-2}],\ [\text{N}]$

Im Flug und zum Manövrieren interessiert letztendlich der Leistungsaustrag in axialer Richtung, also immer dann wenn am Fluid (Schub-) Arbeit verrichtet wird. Der Fluidmassenstrom besitzt in diesem idealisierten Fall die gleiche Richtung wie die Summe aller Verlustleistungen am Tragflügelsystem, hat aber einen umgekehrten Richtungssinn! Wir erhalten eine Form (sie wird nach dem Ausmultiplizieren nicht wirklich schöner) für die Schubleistung $P_{SCHUB} = v_{zP} \cdot F_{SCHUB}$ eines aus einer fluidmechanischen Wirbelspule induzierten Jetantriebs:

Schubleistung $\qquad P_{SCHUB} = \rho \cdot A_{WSP} \cdot (v_\infty \cdot v_{zP}{}^2 + v_{zP}{}^3) \qquad [\text{Ws}]$

Anzumerken ist, dass hier immer nur das in einer zentralen Achse (eingespannt gedacht) Tragflügelsystem berücksichtigt ist. Diese Sichtweise ist deshalb vorteilhaft, weil auf diese Art Tragflügelsysteme isoliert betrachtet werden können. Finnen an seefahrzeugen sind somit quantifizierbar. Bei Fluggeräten ist das (Lagrange-) linke und das rechte Tragflügelsystem zu rechnen und die Beträge zu addieren!

Wie ist nun die aus dem stationären Wirbelspuleneffekt resultierende Schubleistung im Kontext einer Gewinn- und Verlustrechnung am Tragflügelsystem zu behandeln? Im Betrieb, beim Manövrieren und in Fahrt ist in der kumulierten Verlustleistung an einer Arbeitstragfläche (natürlich) auch der Anteil der durch das Auftriebsgebaren des Tragflügelsystems generierten „induzieten Widerstands" enthalten, ein auf den ersten Blick bizarres fluidmechanische Phänomen, da doch gerade dieses Wechselwirkungsgeschehen erst den Wirbelspuleneffekt hervorbringt. Vielleicht erkläre ich das so: eine der Widerstandskraft entgegenwirkende Schubkraft entsteht (immer erst) dann, wenn das Wirbelspulensystem die zur „kontinuierlichen Produktion" eine Schar notwendiger Qualitäten besitzt. Im stationären Fall ist das zunächst mal die pure Existenz des Wirbelspulensystems selbst. Voraussetzung für die Beschleunigung einer Fluidmasse ist darüber hinaus die über einen gewissen Zeitraum herrschende topologische Stabilität des Wirbelspulensystems. Der instationäre Fall einer zusammenbrechenden Wirbelspule, welcher physikalisch hoch interessant ist, den wir aber an dieser Stelle nicht betrachten, fordert weitere Qualitäten des Erzeugendensystems. Bei der hier entwickelten, idealisierten Wirbelspulenströmung soll Fluidmassenbeschleunigung und Leistungsaustrag in axialer Richtung herrschen, quasi auf der Wirklinie der kumulierten Verlustleitung. Die zum Manövrieren eines Fahrzeugs aufzuwendende Verschiebeleistung enthält einen translatorischen und einen rotatorischen Anteil, also: $P = P_T + P_R = \Sigma\, F_S\, \Delta v + \Sigma\, M_{FZ}\, \Delta\omega$. Soll die Rotation um die Z-Achse nicht berücksichtigt werden, vereinfacht sich die erforderliche Verschiebeleistung auf den translatorischen Anteil $P_T = \Sigma\, F_S\, \Delta v$. In der ebenen Betrachtungsweise besitzt die Manövrierleistung eine axiale Komponente, die Verlustleistung $P_{TW}$, die von den axialen Strömungswiderständen $P_{TW} = \Sigma\, R \cdot v$ herrührt und eine radiale produktive (zur Widerstandskraft orthonormalen) Komponente $P_{TL}$, die aus dem Auftriebsgebaren $P_{TL} = L \cdot v$ der Tragflügelfläche stammt[6]. An einer Tragfläche von – im Falle des Flugzeugs – zwei Tragflügeln!

---

[6] Die radialen und die axialen Kräfte am (Mono-) Tragflügel des Doppeldeckertragflügelsystems:

| | | | |
|---|---|---|---|
| Auftrieb, Querkraft, Lift | [N] | $L =$ | $c_a \cdot A_a \cdot v^2 \cdot \rho/2$ |
| Formwiderstand | [N] | $R_F =$ | $c_w \cdot A_p \cdot v^2 \cdot \rho/2$ |
| Reibungswiderstand | [N] | $R_R =$ | $c_r \cdot A_b \cdot v^2 \cdot \rho/2$ |

Radiale Liftleistung: $\qquad P_{TL} = L \cdot v = c_L \cdot A_a \cdot v^3 \cdot \rho/2$

Axiale Verlustleistung: $\qquad P_{TW} = \Sigma R \cdot v = R_F \cdot v + R_R \cdot v + R_I \cdot v$

Axiale Schubleistung aus Wirbelspule: $\qquad P_{SCHUB} = \rho \cdot A_{WSP} \cdot (v_\infty \cdot v_{zP}^2 + v_{zP}^3)$

Die durch die Dreideckerkonfiguration (dreier Tragflügel und mit insgesamt drei Wirbelkeinem) induzierte Geschwindigkeit kann nun in die Gleichung für die Schubkraft und jene der Schubleistung und aufgenommen werden. Hier steht nun die durch die Wirbelspulenprozesse in die Strömung induzierte Geschwindigkeit $v_{zP}$ des Fluids an der Stelle $A_{WSP}$, also: $v_{zP} = v_{WSP} = (c_L \cdot v_\infty \cdot t/R)$ in der dritten Potenz!; das ist in der Tat beeindruckend.

Für einen ersten Berechnungshub könnte man den Abstand über die Profiltiefe definieren, und damit die Form vereinfachen. Aber: Eigentlich sind wir gar nicht an einer „griffigen Handformel" für die ausgetragene Leistung im Wirbelspulen-querschnitt interessiert, weil diese nur im Zusammenwirken mit anderen (leistungsbezogenen) Größen, etwa der Widerstandsverlustleistung des Gesamtsystems auftritt und Computeralgorithmen ja bekanntlich unter Handlichkeit etwas anderes verstehen als wir Menschenkinder mit unserem alten TI-Taschenrechner.

Oben war die Rede von einem aus einer fluidmechanischen Wirbelspule induzierten „Jetantrieb"! Niemand sollte nun auf die Idee kommen, hier einen Antrieb gefunden zu haben, der „aus dem Nichts" Schub generiert. Vielmehr bleibt der so genannte „induzierte Widerstand" die Münze, mit der wir für die Querkraft (Lift) an einem fluidischen Tragflügelsystem bezahlen. Das physikalische Phänomen des Wirbelspuleneffekts ist aber eine sehr elegante von mehreren Möglichkeiten, einen gewissen Betrag jener Energie zurück zu gewinnen, die wir in das Voranbewegen des fluidischen Systems investiert haben. In der belebten Natur wurde dieses - den Widerstand mindernde - Prinzip erst mit der „Erfindung" des Gefieders möglich. Der aufgefingerte Vogelflügel stellt das (vorläufige) gestalterische Endstadium eines Jahrmillionen währenden Entwicklungs- und Optimierungsprozesses dar. Ingenieure und Designer verstehen erst heute diese auf den ersten Blick wenig Sinn ergebende Auffingerung des Flügels landsegelnder Vögel zu begreifen, zu entschlüsseln und technisch umzusetzen. Der in diesem Aufsatz angebotene Berechnungs-ansatz für eine durch den Wirbelspiralen-Effekt erklärte Geschwindigkeits-induktion besitzt (natürlich) zu viele Prämissen und Vereinfachungen, um

---

| induzierter Widerstand | [N] | $R_I =$ | $c_I \cdot A_a \cdot v^2 \cdot \rho/2$ |
| --- | --- | --- | --- |
| Tragflügelfläche (Aufprojetzion) | [m²] | $A_a$ | |
| Tragflügelfläche (Frontprojetzion) | [m²] | $A_p$ | |
| Tragflügelfläche (benetzt) | [m²] | $A_b$ | |

Mi. Dienst, Berlin

wissenschaftlich genannt werden zu dürfen. Dennoch erinnere ich mich sehr gut an eine Zeit, als wir lediglich (was heißt hier lediglich?) einen Windkanal hatten, um die entscheidenden Parameter und deren Größenordnung einer technischen Gestaltungslösung zu ermitteln. Wenig hilfreich war in den 80er Jahren des vergangenen Jahrhunderts der Umstand und Zusammenhang, dass außer der BERWIAN-Windmühle der TU Berlin keine weiteren Anwendungen der Wirbelspulenphänomenologie zur Diskussion standen. Dass diese Abwesenheit forscherischen Interesses aus heutiger Sicht und vor dem Hintergrund einer Neubelebung der Doppeldecker- und Dreideckertechnik und Technologie und mit einem besonderen Blick auf Flugsysteme weiterwährt, möchte ich an dieser Stelle ausdrücklich beklagen. Von rezenten messtechnischen Untersuchungen oder numerischen Simulationen fluidmechanisch wirksamer Doppeldecker- und Dreideckertragflächen insbesondere vor dem Hintergrund mehrerer  miteinander in Wechselwirkung tretende, induzierte Randwirbel, ist derzeit nichts bekannt. Ausgehend von einer überschaubaren „Labor-Konfiguration", bei der drei Querkraft erzeugende endliche Tragflächen ein Dreideckersystem bilden, sollte es gelingen, die hier postulierten Wirbelspulenphänomenologie experimentell oder simulatorisch nachzustellen und Parameterstudien zu betreiben mit dem Ziel, stimmige sowie begünstigende Tragflächengeometrien und Anströmbedingungen aufzufinden.

Erfahrungen aus eigenen Experimenten die ich in den frühen 90er Jahren des vergangenen Jahrhunderts am Windkanal des Fachgebiets Bionik und Evolutionstechnik der Technischen Universität Berlin durchführte, weisen darauf hin, dass – insbesondere bei (nur) zwei oder drei Randwirbel erzeugenden Arbeitstragflächen – mit möglichst homogen abfließenden Partialwirbeln gearbeitet werden muss. Bei kleinen Reynoldszahlen, Anstellwinkeln die sich in einem sicheren Bereich vor dem kritischen Stall-Winkel befinden und geometrisch gleichen Tragflügelpaaren, die hier explizit nur die Funktion des Erzeugenden-Systems möglichst leistungsfähiger Randwirbel erfüllen, führen nahezu zwangsläufig auf äußerst stabile synthetische Wirbelspulen. Grundsätzlich ermöglicht die Separation der signifikanten strömungsmechanischen Parameter eine Prozessführung, die auf eine Kontrolle durch Randwirbel induzierter Jetströmung zielt. Näheres ist der angegebenen Literatur zu entnehmen [Hau-03][Die-13-8]. Nun, Drei- und Doppeldecker sind kein Labor und das Fliegen und Schwimmen mit kleinen Reynolsdzahlen ist derzeit nicht populär, dennoch lassen sich Anwendungsfelder finden, bei denen die Randbedingungen für durch Randwirbel induzierte Jetströmungen stimmig sind und zu Innovationen führen, etwa im Yachtdesign [Die-14-4] oder auf dem Gebiet der Energiewandlung [Rech-90]. Für eine weitere und intensive Untersuchung durch Auftriebsgebaren generierter Wirbelspulenstrukturen spricht die Tatsache, dass Wirbel generell eine fluidmechanische Struktur darstellen, die Energie in hoher Effizienz wandelt. Dies wird gerade beim Querkraftbedingten Randwirbel auf dramatische Weise deutlich. Ist uns in der konventionellen Fluidmechanik und offenbar ganz besonders in der anwendungsorientierten Aeromechanik der durch Randwirbel generierte Verlust an mühsam aufgebrachter Antriebsleistung gewahr - der induzierte Widerstand nimmt bis zu zweidrittel des Gesamtwiderstands an – wird gerade deshalb offensichtlich, welch grandiosem biologischen Konzept fluidmechanischer Energiewandlung wir uns gegenübersehen.

Mi. Dienst, Berlin im Mai 2018

## Weiterführende Literatur und Bibliographie

[Abbo-59]   Ira H. Abbott, Albert E. von Doenhoff; (1959) Theory of Wing Sections: Including a Summary of Airfoil Data. Dover Publications, New York

[Betz-12]   Betz, A. ; (1912),  Ein Beitrag zur Erklärung des Segelfluges. Zeitschrift für Flugtechnik u. Motorluftschifffahrt 3 (1912)

[Bos-27]   Bose, N., K., Prandtl, L. (1927). Beiträge zur Aerodynamik des Doppeldeckers. In: ZAMM, Bd. 7, 1927, Heft 1, S. 1 -9.

[Die14-4]   Dienst, Mi.(2014) Vortex coil effect-use rig for sailing surfboards. In: Trans-actions in Bionic Patents, Vol.: 08. GRIN-Verlag GmbH München, ISBN (e-Book): 978-3-656-70477-5

[Die13-8]   Dienst, Mi.(2013). Beitrag zur Phänomenologie der fluidmechanischen Wirbelspirale. GRIN-Verlag GmbH München, ISBN (Buch): 978-3-656-55394-6.

[Hau-03]   Hau, E. (2003): Bauformen von Windkraftanlagen. In: Windkraftanlagen, Springer Berlin, Heidelberg,  S. 65-78. ISBN: 978-3-662-10949-6.

[Katz-01]   Katz, J. Plotkin, A. (2001) Low-Speed Aerodynamics (Cambridge Aerospace Series) Cambridge University Press; 2 edition

[Mart-65]   Martynov, A. K.,(1965)   Practical Aerodynamics, Pergamon Press.

[Pra-19]   Prandtl, L. (1919) Merhdeckertheorie. In: Nachrichten der k. Ges. d. Wisssen-schaften zu Göttingen. 1919, S. 107-137.

[Rech-90]   Rechenberg, I. (1990): BERWIAN: Entwicklung, Bau und Betrieb einer neuartigen Windkraftanlage mit Wirbelschrauben-Konzentrator ; Phase 2 ; Abschlussbericht; Contract BMFT-FV 032 8412B. FG Bionik und Evolutionstechnik, Technische Universität Berlin.

[Schl-67]   Schlichting, H., Truckenbrot, E. (1967) Aerodynamik des Flugzeuges, Band 1, Springer Verlag

[Schl-00]   Schlichting, H. (2000) Boundary-Layer Theory, Springer ISBN 3540662707

Mi. Dienst, Berlin

# BEI GRIN MACHT SICH IHR WISSEN BEZAHLT

- Wir veröffentlichen Ihre Hausarbeit, Bachelor- und Masterarbeit

- Ihr eigenes eBook und Buch - weltweit in allen wichtigen Shops

- Verdienen Sie an jedem Verkauf

Jetzt bei www.GRIN.com hochladen und kostenlos publizieren